GÉOGRAPHIE DE LA NATURE,

OU

DISTRIBUTION NATURELLE DES TROIS RÈGNES SUR LA SURFACE DE LA TERRE.

Suivie de la Carte Minéralogique, Botanique, &c. du Vivarais où cette diſtribution naturelle eſt repréſentée.

Ouvrage qui ſert de préliminaire à l'Hiſtoire Naturelle de la France Méridionale, &c. dont on va publier les deux premiers Volumes & à l'Hiſtoire Ancienne & Phyſique du Globe Terreſtre.

Par M. l'Abbé GIRAUD-SOULAVIE.

A PARIS,
Hôtel de Veniſe, Cloître Saint-Benoît.
Et chez le Sieur DUPAIN-TRIEL, Ingénieur-Géographe du Roi, rue des Noyers.

M. DCC. LXXX.

Messieurs les Souſcripteurs de l'Hiſtoire Naturelle du Vivarais, ceux de l'Hiſtoire Naturelle de la France Méridionale peuvent retirer gratis, *la préſente feuille avec la Carte Géographique en préſentant leur Billet de Souſcription.*

S'adreſſer à l'Hôtel de Veniſe, Cloître Saint-Benoît.

CE n'eſt point dans les ouvrages Phyſiques des Anciens, ni dans la plupart des Modernes qu'il faut étudier excluſivement la Nature, ni encore dans les Cabinets où, repréſentée par échantillons, elle n'offre point les tableaux majeſtueux & inſtructifs ſous leſquels elle ſe montre dans les régions élevées & montagneuſes : ces ouvrages, ceux des Nomenclateurs modernes & la connoiſſance de ces échantillons, ſont néceſſaires ſans doute pour s'initier dans la ſcience, mais ils ne ſuffiſent pas pour connoître la nature.

C'eſt plutôt ſur les montagnes ſupérieures qu'il faut chercher, dans le Montagnard, l'homme naturel que le ſéjour des villes n'a point rendu vicieux : c'eſt ſur leurs roches arides qu'il faut reconnoître les plantes des zônes froides du globe terreſtre, obſerver les météores, & rechercher les monumens des antiques révolutions de la terre, dont la croûte extérieure fut tant bouleverſée par les élémens & par les agens ſur-tout de la Chymie univerſelle de la nature.

Géographie du règne des Minéraux.

Le Vivarais offre les reſtes de tous ces évènemens dans une petite étendue de terrein. Le ſommet de ſes montagnes verſe les premières eaux de la Loire : le plus haut pic eſt élevé d'environ mille toiſes au-deſſus du niveau de la mer, & le ſol le plus bas de cette province eſt très-peu élevé au-deſſus de ce niveau. Le Vivarais occupe ainſi le penchant d'une montagne majeure du premier ordre, dont la baſe eſt un ſol méridional très-chaud, tandis que le ſommet eſt la région des neiges & des glaces qui dominent ſur ces plateaux ſupérieurs pendant huit mois de l'année, & qui ſeroient éternelles ſi elles n'étoient ſituées dans une contrée méridionale.

Ces deux régions ſi oppoſées ſont compriſes dans un terrein très-incliné d'environ quinze lieues d'étendue. Les eaux des rivières qui deſcendent des hauteurs, ſe précipitent, pour ainſi dire, de caſcade en caſcade, & l'excavation perpendiculaire de tous les terreins qu'on y obſerve de tous côtés, permet aiſément d'obſerver dans ce pays, la ſuperpoſition réciproque des carrières, & d'établir d'une manière inconteſtable l'époque reſpective de l'ouvrage primitif de la nature, des roches ſecondaires formées depuis l'antiquité des tems, des atterriſſemens modernes, des ouvrages majeurs enfin de la Nature.

En ami de la vérité & non point en critique minutieux qui cherche à diminuer la gloire des Ecrivains de la première claſſe, j'ai décrit les différentes ſuperpoſitions des carrières granitiques, calcaires, volcaniſées, celles des marnes, des craies, des poudingues, des foſſiles divers, &c. Des montagnes coupées à pic m'en ont montré le ſyſtême & l'arrangement comparé; & la ſeule connoiſſance de leur ſuperpoſition m'a permis de donner la chronologie des plus grands faits de la Nature, puisqu'on reconnoît que la matière granitique & calcaire forme exclusivement la croûtte du globe & le mécanisme des montagnes depuis leur sommet jusqu'aux plus grandes profondeurs connues.

Il n'est donc plus permis d'appeller *système* l'histoire ancienne du globe terrestre, si je démontre dans mes ouvrages que la connoissance de toutes les superpositions connues, donne la chronologie de leur formation : cette théorie sera fondée alors sur un principe incontestable susceptible de démonstration Mathématique la plus rigoureuse, principe que j'exprime en ces termes : *toute carrière superposée est de formation postérieure à celle de la carrière fondamentale* ; principe qui équivaut à ces vérités triviales ; *la montagne Sainte-Genevieve existoit avant les tours du clocher, & les fondemens de ces tours existoient avant les plattes-formes supérieures.*

Je pourrai donc dire, en décrivant les montagnes du Coiron, du Vivarais, &c. composées de six couches superposées, hétérogènes, &c. qu'elles sont des ouvrages de six époques séparées & distinctes, puisqu'en comparant les couches à compter des fondamentales jusques vers le sommet, on trouve, 1°. du granit vif très-solide ; 2°. du granit secondaire composé de blocs de granit liés par un gluten sableux ; 3°. roche calcaire qui annonce l'ancienne existence des mers sur ces lieux ; 4°. couche énorme de poudingue fluviatile, composée de cailloux roulés granitiques, calcaires, quartzeux & basaltiques, de coquillages fluviatiles, d'os de quadrupèdes, d'arbres pétrifiés, &c. 5°. Autre couche énorme de basaltes vomis en forme de courans par les volcans, & modulés sur ces couches de cailloux ; 6°. matières calcaires qui couvrent une partie des courans basaltiques du Coiron vers le bas de la montagne, & qui, sous forme de spaths calcaires, se sont cristallisées dans les interstices des basaltes & dans les sinuosités de la lave spongieuse.

Premier Fait.

Toutes les matières diverses ainsi disposées les unes sur les autres par grandes couches, formant une énorme montagne de plusieurs lieues d'étendue, annoncent donc six ouvrages divers, & démontrent qu'à une certaine époque, ce sol aujourd'hui si élevé étoit jadis fort bas, puisque le banc du granit peu élevé & de nature bien différente du banc calcaire, porte sur lui toutes les autres matières superposées.

Second Fait.

Ce granit, formant des roches granitiques secondaires par ses déblais, annonce encore des faits postérieurs semblables à ceux qui arrivent de nos jours dans toutes les parties du monde, où l'on voit les détritus des roches former les roches secondaires par la voie de l'aglutination.

Troisième Fait.

L'existence des roches calcaires, de l'aveu

de tous les Naturalistes, annonce, après les faits précédens, un tems postérieur à celui pendant lequel les roches granitiques existoient exclusivement sur ces lieux; & la superposition de ces grandes couches coquillières sur les granits, annonce l'existence des mers habitées par des animaux vivans sur cet antique terrein, ce qui nous donne donc trois âges successifs.

Quatrième Fait.

Mais après la retraite des mers, ces régions furent couvertes des eaux fluviatiles, puisque sur la roche calcaire se trouvent des amas énormes de cailloux amoncelés par les rivières; or, ces aterrissemens offrent une foule d'idées sur d'autres faits antérieurs à ceux que nous décrivons; ils sont les monumens authentiques des époques de plusieurs évènemens principaux.

Les colonnes basaltiques usées par le frottement, annoncent d'abord qu'il existoit des volcans supérieurs qui brûlèrent sur les plus hautes montagnes du Vivarais à l'époque où les eaux maritimes inondoient les régions moyennes de notre Province, & ce sont-là précisément les volcans de Gourdon, Mezillac & autres, que j'ai décrits & découverts.

Les arbres pétrifiés annoncent que la nature végétante étoit en action lorsque les hautes montagnes du Coiron se formoient par la superposition de ces matières; & si je parviens à démontrer à quelle espèce ces arbres appartiennent, si je montre la classe, le genre, l'espèce de plante qui se trouve dans l'ardoise inférieure, si, (l'expérience étant mon guide), je rapporte quel degré de chaleur il faut à cette plante pour la maturité de ses fruits, si je mesure par le thermomètre cette chaleur, l'on ne pourra se refuser de croire qu'à l'époque où ces plantes vivoient, la chaleur atmosphérique étoit à un tel degré à-peu-près, puisqu'elle mûrissoit les fruits d'une telle plante qui a besoin de toute cette chaleur pour se perpétuer

Et si, d'un autre côté, je compare cet antique degré ordinaire de chaleur, à la chaleur moderne du même sol, & que je trouve une différence étonnante, j'aurai prouvé par la combinaison de trois faits seulement, faits avérés & démontrés, que la chaleur ou le froid atmosphériques ont varié depuis ces tems antiques; mais comme il est des esprits qui ne veulent voir que petit-à-petit, & qu'il faut préparer, dit-on, par des faits, observons & laissons à nos derniers neveux, s'il est nécessaire, le soin de tirer les conséquences.

Enfin, les coquilles purement fluviatiles qu'on trouve sur cet antique lit de rivière, démontrent que c'est ici l'ouvrage de l'eau des fleuves ou des rivières, semblable en tout aux aterrissemens modernes formés de nos jours par les courans des rivières, des fleuves & des torrens, & non point l'ouvrage de la mer, dont les aterrissemens & les amas ont leurs apparences particulières & exclusives.

Cinquième Fait.

Les effuſions volcaniques s'étendirent dans la ſuite ſur cet ancien terrein, elles inondèrent tout ce ſol & s'y établirent en forme horizontale comme les fluides. Delà, cette coulée énorme de baſaltes qui couronne tout le Coiron, qui a été vomie par la gueule de Chaudcoulant, dont le cratère ſe trouve vers le ſommet de cette montagne, & qui ayant vomi enſuite après cette première éruption, pluſieurs autres maſſes élaborées dans ſon ſein, a formé les diverſes couches ſuperpoſées de laves ſpongieuſes, fangeuſes, pouzzolaniques, &c. qui forment les hauteurs de la montagne.

Sixième Fait.

Mais la coulée baſaltique fut ſi énorme, ſa maſſe fut ſi puiſſante, qu'elle ne couvrit pas excluſivement les hauteurs du Coiron, elle s'avança encore en forme de fleuve vers les régions voiſines & inférieures, & porta ſes feux juſque dans le ſein des mers de cet âge.

Le contact de ce métal embraſé avec l'élément aqueux, produiſit dans ſa maſſe des bourſoufflures, des déviations, des creux & des eſpaces vuides; ouvrez ces concavités, & vous y trouverez des cryſtaux ſpathiques, des terres calcaires, des ſubſtances enfin dépoſées par les eaux maritimes de cet âge.

Ces matières calcaires n'exiſtent pas ſur les courans baſaltiques plus élevés; donc ces terres étoient alors au-deſſus des eaux maritimes; j'ai [illegible] d'ailleurs que le lit fluviatile de cailloux [illegible] étoit hors de ces eaux.

[illegible] spaths & dépôts de mer dans la lave [illegible] que dans les parties les plus basses de la vallée où le courant a coulé : donc la mer qui a déposé son limon sur ces terres, étoit alors sur ces lieux, puisque cette matière est son ouvrage.

Le volcan de Chaud-coulant étoit donc avoisiné des eaux de la mer, à l'époque de sa première éruption basaltique.

Je suis bien persuadé qu'on demandera comment j'ai pu observer ainsi toutes les superpositions ; comment j'ai pu découvrir des couches cachées ainsi sous terre & posées les unes sur les autres. La description du Mont Coiron satisfera à ces demandes.

Le Mont Coiron, composé de toutes ces couches est une énorme montagne du bas Vivarais ; son sommet est une immense plaine en montagne, ou un plateau supérieur couvert de neiges quelquefois pendant six mois de l'année, à cause de l'élévation de son sommet. Je donnerai le résultat de mes observations barométriques dans mon ouvrage, & j'assignerai son élévation sur le niveau actuel de la Méditerranée.

Or, cette montagne curieuse est déchirée par des vallées profondes qui partent comme de la circonférence vers le centre de cette montagne, & qui montrent véritablement son méchanisme intérieur, puisqu'elles sont toutes excavées à pic par l'opération des eaux.

Il n'eſt rien de plus affreux que la vue des torrens qui ſe précipitent du haut de la montagne pendant les fortes pluies ; des eaux rougeâtres teintes par les débris des pouzzolanes, nuancées par l'argile calcaire inférieure qu'elles entraînent à leur paſſage, détruiſent tous les jours les antiques travaux de la nature, & dépoſent dans les baſſes vallées les déblais de ces anciens & majeſtueux édifices.

Géographie Phyſique des Végétaux de la France Méridionale.

Après avoir expoſé les antiques faits de la nature, & en avoir décrit les monumens, paſſons aux faits récens du monde organiſé, qui rempliſſent les lacunes de la Chronologie naturelle, & prolongent ſon hiſtoire juſqu'à nos jours. Etabliſſons pour cela des faits & des obſervations qui expliquent ce que nous entendons par la géographie des végétaux.

1°. Le feu ou la chaleur ſont les principes de vie des êtres organiſés que nous connoiſſons; la chaleur développe pendant leur accroiſſement leurs principes conſtitutifs, elle mûrit leurs fruits, elle perpétue leurs races.

2°. La chaleur atmoſphérique n'eſt pas diſtribuée ſur la ſurface du globe d'une manière uniforme, elle paroît *du plus au moins*, depuis la zone Torride juſqu'aux deux pôles, & depuis la baſe des hautes montagnes juſque vers leur ſommet.

3°. La diſtribution de la chaleur atmoſphérique, *du plus au moins*, de la baſe des montagnes vers leur ſommet & de la zone Torride vers les pôles, eſt telle, que, dans la France méridionale, les glaces ſituées ſur les montagnes élevées de quinze cens toiſes ſur le niveau de la Méditerranée, ne fondent jamais; tandis qu'en partant des bords de la Méditerranée vers les pôles, on compte pluſieurs centaines de lieues de diſtance pour arriver au point où la glace eſt éternelle, comme ſur les plateaux ſupérieurs des montagnes de la France méridionale élevées de quinze cens toiſes où la glace ne fond jamais.

4°. Or, la comparaiſon des plantes que j'ai obſervées depuis la baſe de nos montagnes juſque vers leur ſommet, m'a convaincu qu'il n'eſt aucune plante qui n'ait ſon climat; elle l'habite excluſivement parce que dans ce climat ſe trouve le degré de chaleur néceſſaire à la floraiſon & à la maturité de ſes fruits; delà, l'hiſtoire Phyſiologique des plantes que je crois fondée ſur ces faits.

5°. La forme extérieure de la plante dépend d'abord très-ſouvent de ces degrés; les beaux arbres bien proportionnés de la Provence & de Languedoc diſparoiſſent à meſure qu'on s'élève vers les régions glacées de la haute Savoie ou de la Suiſſe : on ne trouve plus ici que des arbuſtes, des plantes ligneuſes, des productions dégénérées & rabougries qui ſouffrent, comme le Lapon vers le pôle, de la rigueur du climat.

6°. La nature des fruits dépend ſouvent encore de cette inégale partition de chaleur.

Dans la Provence, dans le Languedoc & vers le bas-Vivarais on trouve l'olive, le raisin, la figue & tous les fruits sucrés & connus de la France méridionale ; ce sont-là les produits de la chaleur ; mais sur les hauts plateaux du Vivarais, sur les pics de la Savoie & de la Suisse, on ne trouve plus que des fruits nains & acidules qui ne mûrissent que dans le mois de Septembre après toute la chaleur possible des étés.

7°. La nature vivante paroît donc expirer peu-à-peu à mesure que l'élément igné refuse ses secours ; & les plantes que j'ai étudiées selon cette méthode m'ont donné un principe dont je démontre la vérité dans ma Botanique physique ; principe que j'exprime de la sorte ; *la diminution de la chaleur atmosphérique prise de bas en haut & mesurée par nos instrumens météorologiques depuis la base des montagnes jusque vers leur sommet, détermine toutes les plantes à se choisir un climat analogue à leur constitution.*

8°. Fondé sur ces vérités, j'ai observé le site des arbres à fruit de la France méridionale, & comme l'on peut déterminer par le Baromètre la hauteur perpendiculaire des montagnes, j'ai calculé, cet instrument à la main, la hauteur perpendiculaire des climats de nos arbres principaux, autrement la largeur de chaque climat & son élévation au-dessus du niveau de la mer.

9°. L'olivier, la vigne, le châtaignier, les sapins & quelques plantes alpines ont été soumis à ces opérations : le Vivarais fut la montagne majeure qui me permit de faire ces expériences. L'olivier a paru régner depuis les bords de la mer jusques à mi-côte des petites montagnes du Vivarais ; la vigne étend son empire un peu au-dessus ; le climat des châtaigniers occupe les lieux supérieurs ; là où finit le règne du châtaignier commence celui des sapins, & à mesure qu'on s'élève ainsi jusques vers le sommet du Mezin, montagne qui domine toute la Province, on ne trouve plus que les petites plantes alpines & ligneuses.

Il est si vrai que les divers degrés d'intensité de la chaleur atmosphérique sont le principe des phénomènes des plantes & de la variété de ces phénomènes, que la Physiologie des plantes est entièrement fondée sur ces observations. Les plantes vivaces & les plantes annuelles obéissent à cette intensité plus ou moins considérable ; les floraisons, la maturité des fruits, tous les phénomènes des plantes semblent suivre ces degrés divers. Voyez dans ma Botanique physique qui est sous presse, les observations faites à ce sujet.

Géographie Physique des Animaux de la France Méridionale.

Toutes les recherches précédentes m'ont conduit à trouver les restes de l'ancienne Géographie physique des animaux ; car l'homme, ce Roi de la terre, qui a subjugué les élémens, modifié leur impression selon ses besoins, converti les métaux à son usage, maîtrisé la nature même, dompté les animaux féroces, a éloigné presque tous les quadrupèdes de leur climat primordial : la plupart de ces animaux ont soin d'ailleurs de se procurer de diverses manières une chaleur factice que le climat leur refuse.

Les seuls insectes victorieux des efforts de l'homme, soit à cause de leur petitesse, soit à cause de leur prodigieuse fécondité, soit par d'autres raisons que j'explique ailleurs, semblent obéir seuls à l'influence du climat. On observe souvent les animaux changer de pays pour se soustraire ou aux rigueurs du froid ou aux ardeurs caniculaires de nos Contrées Méridionales. J'en ai vu des essains voler du pays chaud inférieur vers le pays froid supérieur, pour y passer l'été avec agrément, & du pays froid supérieur vers le pays chaud inférieur, pour y passer l'hiver, s'y engourdir & ressusciter vers le printems.

Géographie Physique de l'Homme & de la Femme.

C'est sur-tout sur l'espèce humaine que se fait sentir la diminution graduée de chaleur; on connoît dans nos Contrées Méridionales l'activité du Provençal ou du Languedocien; mais il y a loin de ce caractère à celui des Montagnards Cevenols ou de la haute-Provence : je renvoie à mon Ouvrage la description des Passions, du Génie, des Maladies, &c. de ces Montagnards & tout ce qui concerne le peuple du pays plat inférieur.

Description de la Carte ci-jointe.

La traînée de petites Croix désigne le sommet des Montagnes majeures qui séparent les bassins des eaux qui versent dans la Loire ~~& dans~~ d'avec celles qui versent dans le Rhône & ~~l'Océan~~ la Méditerranée. Ce terrain qui s'offre sous l'aspect d'une pente très-rapide représente tout le Vivarais. C'est la première Carte de cette Province qui ait été mise au jour, elle est calquée sur ma Carte en relief & sur celle de l'Académie.

Tout ce qui est enluminé en rouge, ou situé entre des points est terrain volcanisé. Ici sont placés les Volcans les plus anciens dont les cratères sont la plupart effacés. Les laves sont posées sur des plateaux supérieurs de Montagnes. Les Vallées inférieures ont aussi des Volcans plus récens, ils sont marqués par deux cercles concentriques, & de ces cratères partent des courans basaltiques en serpentant. Ces courans sont doubles lorsque deux Volcans ont vomi dans la même Vallée.

Le sol calcaire est séparé du sol granitique par des -----, il avoisine le Rhône & doit être enluminé en bleu.

FIN.

Lu & approuvé ce 27 Juillet 1780. DE SAUVIGNY.

Vu l'Approbation permis d'imprimer ce 28 Juillet 1780. *LENOIR.*

De l'Imprimerie de CLOUSIER, rue Saint-Jacques, 1780.

VIVARAIS.

CARTE GÉOGRAPHIQUE
de la Nature
Ou disposition Naturelle
des Minéraux Végétaux &c
observée en Vivarais.
Dressée par le S.r Dupain-Triel Fils, Ing. Géog. du Roi,
d'après les Ouvrages de M.r l'Abbé Giraud Soulavie.
1780.
Alun.
Amiante.
Ardoise.
Argent et Plomb.
Arsenic.
Bataille ou assaut.
Bassaltes isolés.
Chaine qui separe les eaux de la Loire de celles qui versent dans le Rhône.
Cuivre.
Fer.
Filon Basaltique.
Fontaine miner. chaude.
Fontaine miner. froide.
Grés.
Houille.
Limites de la vigne.
Limites des Chataigners.
Limites des Oliviers.
Separation du Granit, d'avec le Calcaire.
Mercure.
Pierre Calcaire blanche.
Pierres milliaires Romaines
Plomb.
Plomb natif
Quartz
Regne des plantes Alpines
Regne des Sapins
Territoires Volcanisés.
Volcan à Cratère
Confluent de 2. Volcans
Chez M.r Dupain-Triel Fils, Ingénieur Géog. du Roi, Rue des Noyers, près S.t Yves.
Echelle de Quinze mille Toises
5
10
15
Mont Mezin
Foyer des Volcans de la Montagne
La Loire
Bassin de la Loire
Rhône
Pradelles
S.t Agreve
Tournon
Chatauneuf
Vivier
les Vans
Vagnas
S.t Marcel
Bourg S.t Andéol
le S.t Esprit

www.ingramcontent.com/pod-product-compliance
Ingram Content Group UK Ltd.
Pitfield, Milton Keynes, MK11 3LW, UK
UKHW012311240726
13966UKWH00005B/1798